LES

FLEURS

LILLE, L. LEFORT

ÉDITEUR.

LES FLEURS

BISSON GOTTARD

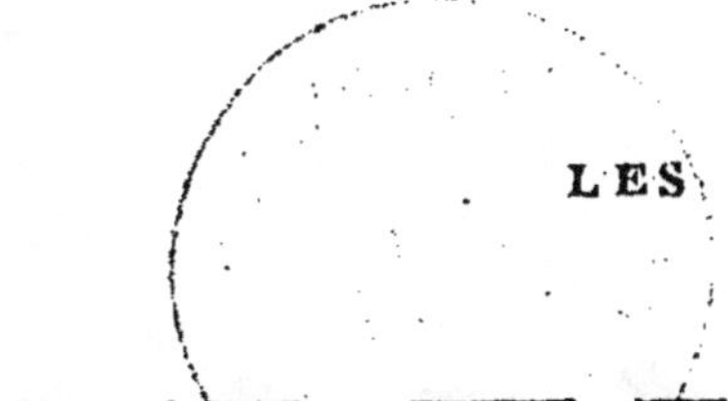

LES FLEURS

SIXIÈME ÉDITION

LIBRAIRIE DE J. LEFORT

LILLE	PARIS
rue Ch. de Muyssart, 24	rue des Sts-Pères, 30

Tous droits réservés.

LES FLEURS

I

Il est une fête dans l'année, que l'on pourrait appeler la fête des fleurs, si on ne la jugeait que sur les apparences : c'est la Fête-Dieu. Les fidèles, chargés d'une moisson de fleurs, reviennent des champs à l'église, vrai parterre d'où s'exhalent les parfums les plus purs et les plus exquis, vrai parterre aussi où les belles fleurs des vertus exhalent l'odeur d'un parfum divin. Les autels sont ornés des plus belles productions qui le matin ornaient la nature, et les niches des saints sont transformées en bosquets embaumés. Les fleurs des champs et celles des jardins ont été cueillies comme un tribut offert au divin Sauveur; on les contemple, on les admire, on les dispose, et on remercie Dieu d'avoir créé des fleurs pour orner ses autels.

Celui-ci a eu pour mission de cueillir le rouge coquelicot, dont il a eu bien soin de ne pas endommager la vive et riche, mais fragile teinture.

Celui-là apporte des bluets, et il a trouvé sur son chemin une autre fleur, nommée la chaire de M. le curé : c'est la brunelle, qui, en effet, ressemble à une petite chaire; il la montre à tout le monde, et dit à chacun : « Voyez-vous cette petite chaire? Dieu y prêche sa puissance et sa bonté. »

Cet autre a pensé que la reine des prés méritait plus que toute autre d'orner les autels du Roi de la nature ; aussi en a-t-il rapporté une charge qui l'a obligé de se reposer souvent. Il se félicite d'avoir cueilli cette fleur de préférence, et il semble lui dire : « Belle fleur, ne regrette point de ne plus régner dans la prairie, viens plus heureuse offrir à ton Dieu le parfum que tu exhales. » Si ce bon jeune homme eût connu l'Ecriture sainte, il se fût rappelé ces mots : « Servir Dieu, c'est régner, » c'est soumettre ses passions à l'empire de la raison, c'est établir en soi-même l'ordre et le bonheur.

Voici deux enfants qui se sont sentis attirés par une odeur douce et suave dans l'enfoncement des bois, et ils rapportent le muguet qui est le lis des vallées, les gants de Notre-Dame, belle fleur qui n'a rien perdu de sa fraîcheur, et qui conserve son air si svelte et si léger. Ils n'ont pas oublié ses plus jolies compagnes, entre lesquelles on distingue la mélisse des bois, aux découpures légères, et la véronique des haies, au bleu d'émail.

Les jeunes filles ont apporté beaucoup de roses blanches, qui sont l'emblème de leur candeur et de leur innocence. Ces fleurs environnent l'image de la sainte Vierge; la rougeur légère qui colore presque furtivement le fond de leur timide corolle, figure par ses nuances mille fois répétées les naïves pensées de ces âmes si pures.

Ici on tresse des couronnes, là on tapisse les rues; partout on les jonche de verdure et de fleurs qui font pâlir les plus beaux ornements.

Entendez-vous le son des cloches? C'est la voix de Dieu qui nous appelle à l'église. Nous sommes dans une sorte de paradis terrestre; Dieu y est avec nous; et entre lui et nous, c'est un échange de dons et d'actions de grâces, de louanges et de bénédictions. Dieu apparaît au milieu de ces fleurs qui s'échappent comme par enchantement de toutes les mains. Tous les cœurs brûlent d'amour, tous les yeux sont humectés par des larmes de joie, toutes les voix chantent les merveilles du Dieu trois fois saint.

La procession s'avance; sur le chemin est la demeure d'un vieillard qui ne peut plus aller dans la maison de Dieu. Il pleure, le bon vieillard, et pourtant son cœur est plein de joie. Il se prosterne à genoux au pied du chêne séculaire qu'il vit planter à son grand-père, et il dit : « Mon Dieu, donnez-moi, s'il vous plaît, votre sainte bénédiction. »

Voici une jeune mère tenant dans ses bras un nouveau-né ; elle le présente à Celui qui s'est fait enfant pour sauver les hommes, à Celui qui a dit : « Laissez venir à moi les petits enfants. » Et dans sa reconnaissance, elle s'écrie : « C'est vous, mon Dieu, qui me l'avez donné ; faites-moi la grâce de le voir grandir dans votre amour , qu'il vous serve en vous imitant. » Et soudain , regardant son enfant avec tendresse , elle le voit sourire, et elle sourit aussi, l'embrasse et lui dit : « Oh! oui, Dieu te fera grandir; un jour tu chanteras ses louanges dans l'église , comme ton père , et quand la fête du bon Dieu viendra, tes mains pareront de fleurs ses autels, ton cœur parera ton âme de vertus. Mes petits enfants , aimez toujours bien le bon Dieu, afin que toujours il vous bénisse et qu'il soit au milieu de vous. »

II

Etudions la première fleur qui nous tombera sous la main , sans nous mettre en peine du choix.

Elle ne vient que d'éclore , elle a encore toute sa fraîcheur et tout son éclat. Y a-t-il parmi les hommes des teintures si vives et en même temps si douces ? L'art a-t-il pu inventer des étoffes aussi déliées et d'un tissu si délicat ? Approchez des feuilles que je tiens la pourpre même de Salomon : quel cilice en comparaison! quelle imperfection dans le tissu, quelle différence dans le coloris! Peut-on imaginer une plus aimable symétrie dans son ensemble, une plus régulière ordonnance dans ses fleurs, une plus grande justesse dans ses proportions? Quel émail, quelles couleurs, quelles richesses! Mais quelle harmonie et quelle douceur dans leur mélange et dans les nuances qui les tempèrent! Quel tableau, et par quel maître! De quelle source de beauté celles que nous voyons découlent-elles? Quel est le principe de tant d'éclat et d'une parure si riche et si diversifiée? où a-t-il pris le dessin de tant de choses si nouvelles et si parfaites? quel modèle a-t-il étudié? qui lui a fourni tant d'idées de couleurs, de beautés? Ah! c'est qu'il est lui-même la beauté infinie et la puissance souveraine, et ces merveilles, étonnantes pour nous, ne sont pour lui qu'un jeu et une ébauche. Elles ne tirent leur plus grande valeur que des merveilles de la grâce qu'elles sont appelées à figurer.

On croirait, à n'examiner que la sagesse de Dieu et, si j'ose le dire , sa complaisance dans une fleur si parfaite , qu'elle doit toujours durer. Mais du matin au soir elle sera flétrie ; le lendemain elle sera grillée par le soleil, et un autre jour on la coupera. Que devons-nous penser de l'immense océan de beauté qui en répand une si grande abondance sur une herbe qui n'a que quelques heures de vie? Que fera-t-il donc lorsqu'il embellira les esprits , lui qui fait briller si noblement une fleur destinée aux animaux ? Et quel est l'aveuglement du monde qui compte la beauté, la jeunesse, l'éclat, la gloire humaine pour des biens solides, sans se souvenir qu'ils ne sont que la fleur passagère d'une herbe qui ne sera plus le lendemain.

Il y a cependant cette différence entre une plante qui fleurit et la gloire du monde, que celle-ci n'est rien et ne laisse rien, tandis que l'autre est l'ouvrage de Dieu, et qu'elle finit par la fécondité, dont la graine est le principe.

III

Examinons l'une de ces graines

au moyen d'un parfait micros-
cope. Nous y verrons en petit la
plante même, ce qui doit être ses
racines, ce qui sera ses feuilles,
ce qui lui servira de tige, ce qui
la nourrira pendant qu'elle sera
mise dans la terre avant que
d'éclore ; nous irons peut-être
jusqu'à découvrir des vestiges de la
future fleur. Mais nul instrument,
nulle vue ne peut aller au delà,
et néanmoins cette graine est vrai-
semblablement la mère d'une multitude d'autres à l'infini, ou déjà
formées, ou ébauchées pour le
moins ; et chacune de ces graines

a ses enveloppes destinées à la couvrir et à la défendre. Qui peut suivre par la pensée cette divisibilité de la matière? Qui osera sonder la puissance et la sagesse sans bornes de Celui qui de la matière même fait des choses si incompréhensibles?

Voilà, mes amis, comment vous devez sentir la nature. Le monde a été créé pour réfléchir Dieu, et pour servir de séjour et d'instrument à l'homme; il doit être pour lui comme une échelle qui serve à l'élever vers le Maître souverain des hommes et des mondes.

IV

Oui, le monde est le miroir, mais Dieu est l'image qu'il doit reproduire.

« Oui, quand l'orage mugit à mes oreilles, j'écoute l'orage intérieur du cœur humain ; la nature reverdit-elle, je souris à l'espérance ; si je me plais à froisser sous mes pieds les feuilles amoncelées par le vent d'automne, c'est que la réflexion grave et sérieuse plaît à mon cœur, que je songe à la mort, à ceux qui ne sont plus ici-bas , mais qui sont dans les régions surnaturelles et dont la dépouille des bois va cacher la dépouille mortelle. »

Mais ce n'est point dans les livres , ce n'est point dans les merveilles de la terre , ce n'est point même dans les splendeurs des cieux qu'il faut surtout apprendre à vous connaître, ô Beauté incréée , toujours ancienne et toujours nouvelle : c'est dans le cœur de l'homme juste, votre plus parfaite image ; c'est dans ces âmes prédestinées et miséricordieuses que votre main se plaît à enrichir.

« Mon Dieu, s'écriait un jour saint Vincent de Paul en voyant le saint évêque de Genève, mon Dieu, si François de Sales est si bon, oh ! qu'il faut donc que vous soyez bien bon vous-même ! » Conséquence admirable ! Et en effet, si l'émanation est si bonne, que doit-ce donc être de la source ? Et si la faible image est si touchante et si aimable, que faut-il donc penser de la substance et du principe même ? Que sont aussi tous ces titres, tous ces amours du père, du frère, de l'ami, sinon des initiations à l'amour éternel de qui procède toute paternité, de Celui qui disait : « Celui qui fait la volonté de Dieu, celui-là est mon père, ma mère, et mes frères ! » Nous admirons la bonté de Dieu, qui veut bien que le service de nos frères se confonde avec le culte que nous lui devons ; de ce Dieu qui nous aime tant qu'il regarde fait comme à lui-même le bien ou le mal que nous faisons au plus petit d'entre nos frères !

V

Revenons à nos fleurs et à nos jardins.

L'horticulture et la botanique ont fait de grands progrès dans ces dernières années. Ces sciences sont devenues un sujet d'émulation aussi innocent que louable entre les hommes , et pour certains pays une nouvelle source de richesses.

Cette étude semble devenue un besoin général pour tous. Quels que soient la condition , le rang , l'état ou la fortune, aucune science ne convient mieux à tous les âges. Elle offre le plus délicieux passe-temps, les plus charmants loisirs dans toutes les saisons, comme elle ménage les plus douces consolations dans les revers et dans l'adversité. Celui qui s'a-donne à la culture des fleurs semble devenir meilleur à cette école de la sagesse, où nous apprenons si bien à aimer Dieu et à le bénir. Il se met au-dessus des orages et des tempêtes politiques. Seul, la bêche à la main, il trouve au milieu des plus épouvantables catastrophes un calme et une sérénité que jamais il n'eût goûtés dans les grandeurs.

Pour nous, les fleurs sont le luxe, la magnificence et la richesse de la terre ; elles sont un des bienfaits que la Providence s'est plu à répandre sur le lieu d'exil que nous devons habiter pendant notre pèlerinage.

L'auteur du *Génie du christianisme* est peut-être le seul qui ait trouvé des paroles pour peindre la fleur, lorsqu'il dit :

« La fleur est la fille du ma-

tin, le charme du printemps, la
source des parfums ; la fleur
passe vite comme l'homme, mais
elle rend doucement ses feuilles
à la terre. On conserve l'es-
sence de ·son odeur, ce sont
ses pensées qui lui survivent....
Nous attribuons nos affections à
ses couleurs, l'espérance à sa verdure, l'innocence à sa blancheur,
la pudeur à ses teintes de roses. »

Les fleurs symbolisent aussi
les vertus, qui font l'ornement de
la terre, et qui se transformeront
encore, pour devenir un jour
les fleurs de la céleste patrie,

comme elles sont aussi les fleurs du jardin de l'Eglise.

VI

Si la simple vue d'une fleur inspire de si brillantes idées et des pensées si touchantes, quelle jouissance, quelles émotions ne doivent pas éprouver les naturalistes qui étudient tous les phénomènes de la vie des plantes. Tous n'y voient-ils point à chaque pas de nouvelles traces de la puissance de Dieu, et en analysant ces humbles créatures, ne peuvent-ils pas s'écrier, comme Galien faisant l'anatomie du corps humain, qu'ils chantent le plus bel hymne en l'honneur du Créateur, du suprême Ordonnateur des mondes, et de sa providence toujours fidèle à qui veut la comprendre et l'aimer.

Linnée, en entrant dans une de ses serres une lampe à la main, fut tout étonné de ne plus reconnaître les plantes qu'il était habitué à y voir tous les jours ; mais bientôt il s'assura que ces plantes, au coucher du soleil, se livraient au sommeil en fermant leurs feuilles et leurs fleurs.

De Candolle, après avoir étudié diverses plantes dans leur sommeil, imagina d'en changer l'heure à sa volonté ; ainsi, en la transportant du grand jour dans un endroit obscur, il endormit la charmante sensitive, quoique l'heure de son sommeil fût encore éloignée ; mais, en l'éclairant ensuite avec une lampe, il trompa l'innocente plante sur l'heure de son réveil ; il la vit successivement étendre ses délicats, ses flexibles rameaux, et s'éveiller à cette lumière artificielle, dont la privation subite la replongea bientôt dans un profond sommeil.

Dans quel étonnement ne dut pas être la fille de Linnée, lorsqu'elle découvrit l'atmosphère de fluide inflammable et aromatique de la fraxinelle, en admirant par une belle nuit d'été la fleur de cette admirable plante avec une lumière, et qu'elle vit soudainement l'atmosphère s'embraser autour de cette plante, sans que cependant elle en fût aucunement endommagée! Peu de personnes ont remarqué le beau phénomène des étincelles et des éclairs que lance la fleur du souci , dans les belles soirées de juillet et d'août, après le coucher du soleil. Ces éclairs sont d'autant plus sensibles que la couleur du souci est plus foncée. On ne peut les obtenir dans un temps humide.

L'irritabilité des plantes est aujourd'hui reconnue , quoiqu'on ignore son mode d'action, sa cause et l'organe où elle réside. La sensitive présente le phénomène de l'irritabilité au plus haut degré. Desfontaine, transportant un pied de cette plante en voiture , vit les feuilles se refermer au premier mouvement qu'elles éprouvèrent ; puis, s'habituant peu à peu au balancement de la voiture, elles finirent par se déployer entièrement et ne se refermèrent plus pendant tout le temps du voyage. Leur irritabilité semblait avoir été émoussée ou irritée par le mouvement continuel de la voiture.

Il y a des plantes dont une partie des feuilles semble dormir pendant que l'autre partie semble veiller par une oscillation qui finira lorsque le temps de s'agiter viendra pour les dormeuses.

Dans le sainfoin oscillant du

Bengale , des trois folioles dont se compose la feuille, celle du milieu, étendue pendant le jour et couchée ou repliée sur la branche pendant la nuit , paraît ainsi jouir d'un profond repos , tandis que les deux folioles latérales semblent veiller constamment auprès d'elle , et sont à cet effet dans une agitation continuelle qui ne cesse que lorsque la foliole du milieu vient à s'éveiller et à s'agiter à son tour.

Les feuilles de la dionée de la Caroline sont tellement irritables, que le plus petit insecte qui vient se poser sur leurs lobes les fait fermer subitement, en croisant leurs cils épineux, qui tuent l'insecte agresseur. Si par hasard le malheureux insecte n'a pas péri , s'il se débat dans son étroite prison, les lobes restent fermés, on les briserait plutôt que de les ouvrir ; mais aussitôt que la victime a cessé de se mouvoir, les lobes s'écartent soudainement et rejettent le corps.

A cet égard , on voit , dans les environs de Paris, le rossolis à feuilles rondes tendre ses filets englués aux petits insectes qui viennent s'y prendre et mourir tout

couverts du suc visqueux qui ter-
mine les aiguillons de cette plante.
On ne peut parler de la sensitive sans rappeler les vers de
Castel, le chantre des plantes :

. . . .

Si d'un doigt indiscret vous osez la toucher,
Tout s'agite, la feuille est prompte à se cacher,
Et la branche mobile, aux mêmes lois fidèle,
S'incline vers sa tige et se range auprès d'elle.

Il est une plante qui présente à
son extrémité une urne magni-
fique remplie de l'eau la plus
limpide. Bien d'autres présentent
des merveilles non moins ravis-
santes ; il serait trop long ici

même de vous les énumérer.

L'heure de l'épanouissement des fleurs n'est pas la même pour toutes les plantes, et c'est sur cette différence des heures de la floraison que Linnée imagina son horloge de Flore. On donne ce nom à une grande corbeille dans laquelle sont rangées certaines plantes suivant l'heure à laquelle leurs fleurs s'épanouissent. Il y a des plantes qui fleurissent chacune à des heures différentes de la journée; quelques-unes ne fleurissent que la nuit, et répandent alors l'odeur la plus suave. Il en est qui s'épanouissent plusieurs fois dans la journée. Souvent le simple passage d'un nuage en fait fermer qui s'épanouissent de nouveau dès qu'il est passé. Sous ce rapport, plusieurs fleurs pourraient servir de baromètre à l'horticulture. Ainsi le souci d'Afrique se ferme aussitôt que le temps se met à la pluie; la fleur du laiteron de Sibérie reste ouverte toute la nuit la veille du jour où il doit pleuvoir; la prave printanière penche sa petite tête, et l'oxalis se hâte de replier ses feuilles aux approches de la tempête.

Beaucoup de fleurs semblent

ne pouvoir se passer de la présence du soleil pendant la durée de leur épanouissement ; elles se cachent aussitôt que l'astre bienfaisant et vivificateur est voilé. On distingue surtout le grand nénuphar , dont la fleur n'est pas moins belle, si elle n'est pas plus séduisante que celle du plus beau lis. Elle commence à sortir de l'eau au lever du soleil , elle s'élève à mesure qu'il monte sur notre horizon , elle se balance sur les ondes en suivant leurs mouvements. Le plus léger nuage le fait promptement fermer ; s'il grossit, s'il devient menaçant, elle se plonge rapidement sous les eaux ; elle en sort à mesure que le nuage se dissipe. Elle semble suivre tous les mouvements du soleil. Vers les quatre ou cinq heures du soir, elle s'abaisse peu à peu, elle fait alors ses préparatifs pour aller passer la nuit dans le sein des eaux chargées de veiller sur sa corolle d'albâtre.

Tout le monde connaît aussi la propriété du tournesol, de se tourner incessamment vers le côté que le soleil éclaire.

Puisse notre âme, mes enfants, se tourner incessamment aussi vers son soleil qui est Dieu, suivre tous ses mouvements , ne vouloir pas d'autres regards que les siens , réfléchir sa lumière et son éclat, se nourrir de sa chaleur, et mourir pour ainsi dire au sein de l'infini , comme le soleil se couche dans l'immensité des mers, et reparaître avec lui plus brillante et plus belle, par delà notre horizon terrestre.

Nous avons cité les ingénieuses expériences de M. Candolle sur la sensitive qu'il avait trompée dans les heures de son sommeil. Ce naturaliste a fait également varier et changer à son gré l'heure de l'épanouissement de certaines fleurs. Il a fait fleurir en plein jour la belle-de-nuit, en trompant cette charmante fleur au moyen d'une profonde obscurité dans laquelle il la plongeait ; puis il la faisait fermer, en l'éclairant de la lumière artificielle d'une lampe, dont la disparition subite lui faisait aussitôt rouvrir son calice parfumé.

VII

La durée des fleurs est en général très-bornée. Quelques-unes durent plusieurs jours ; mais le plus grand nombre rappelle, hélas ! cette touchante pensée de Malherbe :

Et rose, elle a vécu ce que vivent les roses,
L'espace d'un matin.

Quelquefois le mouvement communique à la fleur, par un moucheron, une abeille ou un papillon, le plus léger zéphir ; quelquefois aussi les coups de vent les plus violents qui franchissent rapidement les espaces, portent au loin des poussières fécondantes, des étamines, qui sont les agents de cet impénétrable mystère de la fécondité des plantes.

Que dirons-nous de la sève qui circule avec tant de force dans les vaisseaux si légers de la fleur ? des suçoirs des racines qui pompent dans la terre les sucs humides qui leur conviennent, mais non pas indistinctement tous les sucs dont le sol est imbibé ?

Que dirons-nous encore de la transpiration , de l'aspiration et de l'exhalaison des plantes ? Quelquefois la transpiration devient visible dans le petit appareil distillatoire du népentès des Indes, qui pendant la nuit donne une eau limpide et douce qui remplit cette urne par laquelle est terminée la feuille.

Chaque fleur, à son tour, recèle souvent une multitude d'animalcules invisibles à l'œil nu. Bernardin de Saint-Pierre découvrit un jour tout un monde d'insectes dans un fraisier.

La nature a assuré les moyens de dissémination de graines que la plupart ne peuvent effectuer. Quelques plantes lancent leurs graines au loin avec explosion et contraction. Le vent est un des principaux agents de la dissémination.

VIII

C'est aussi tout un monde de pensées que peut réveiller dans une âme la vue d'une simple fleur. Un pauvre prisonnier se livrait à des études si attrayantes sur une humble fleur qui croissait dans sa prison, qu'elles charmaient tout son ennui. Picciola, c'est le nom qu'il avait donné à sa plante chérie, était aussi pour lui tout un monde. Elle lui tenait lieu de livres, de parents, d'amis. Avec quelle anxiété il suivait

tous les mouvements de Picciola !
Enfin ce que n'avait pas fait la
vue des astres, de la campagne,
au milieu de ses prospérités, la
vue de Picciola l'opéra dans l'âme
du pauvre prisonnier ; elle lui
révéla la Providence que les passions lui avaient fait oublier ; elle
fut pour son cœur un remède
puissant et efficace, comme tant
d'autres plantes ont guéri les ma-
ladies du corps; elle remplaça
alors pour lui tout ce qu'il avait
perdu.

Plus tard, délivré de sa prison,
l'admirateur de Picciola disait à

quelqu'un qui le plaignait d'avoir subi une si longue captivité :

« Ne me plaignez point, j'ai tout gagné en perdant tout. Je dois à ma prison la connaissance de la vanité des choses de la terre, la foi en notre sainte religion, et mon retour dans le chemin du ciel. Puis-je m'affliger, dans le temps, de ce dont je dois bénir Dieu dans l'éternité? D'ailleurs, c'est par ma prison que mon âme a pu acquérir la liberté des enfants de Dieu, elle qui gémissait autrefois sous l'esclavage du démon. »

Toutes les situations de la vie

qui ne sont pas dirigées par la foi, laissent un vide affreux, de la lassitude, de l'inquiétude, parce qu'en tout cela rien ne satisfait entièrement. On n'est en repos que lorsqu'on s'est donné à Dieu. Alors on sent qu'il n'y a plus rien à chercher, qu'on est arrivé à tout ce qu'il y a de bon sur la terre. On a des chagrins; mais on a aussi une solide consolation, la paix au fond du cœur au milieu des plus grandes peines. Chose admirable ! la vertu, qui nous détache des choses de ce monde et qui nous rend la mort

si douce, sert aussi à nous faire
aimer la vie ! L'homme n'est heureux qu'en donnant à ses facultés
un but légitime. En donnant
à la terre ce qu'on ôte au ciel,
à la nature ce qu'on a soustrait à
Dieu, on forme le chaos, on livre
son âme au malheur. L'homme
n'est plus lui-même si on l'isole
du Créateur, et le terme de son
existence fait par avance le sup-
plice de sa vie.

IX

Les fleurs ont été pour les poëtes

une source d'inspirations. Castel , Delille et une multitude d'autres ont chanté ces aimables créatures de Dieu , qui leur ont donné des symboles pour toutes les vertus , pour tous les sentiments et pour toutes les passions. Ils ont emprunté à ces fragiles emblèmes un langage figuré et pittoresque bien propre à exprimer toutes les impressions. La fragilité des fleurs a inspiré à l'illustre Chateaubriand une touchante élégie sur la mort d'une jeune fille enlevée aussi à la fleur de son âge par une mort imprévue.

Il descend au cercueil; et les roses sans taches
Qu'un père y déposa, tribut de sa douleur,
Terre, tu les portas, et maintenant tu caches
    Jeune fille et jeune fleur.

Ah! ne les rend jamais à ce monde profane,
A ce monde de deuil, d'angoisse et de malheur
Le vent brise et flétrit, le soleil brûle et fane
    Jeune fille et jeune fleur.

Tu dors, pauvre Elisa, si légère d'années!
Tu ne crains plus du jour le poids et la chaleur!
Elles ont achevé leurs fraîches matinées,
    Jeune fille et jeune fleur.

Mais ton père, Elisa, sur ta tombe s'incline,
Aux rides de son front a monté la pâleur,
Et vieux chêne, le temps fauche sur sa racine
    Jeune fille et jeune fleur.

Ailleurs, en parlant de la plante
connue sous le nom de *bandure*,
qui croît dans les déserts de

l'Afrique en portant à son extrémité une urne remplie d'une eau pure et limpide , Chateaubriand s'écrie : « Comment ne pas bénir la Providence , qui , sur la tige faible d'une plante , a placé une source limpide au milieu des sables brûlants , comme elle a mis l'espérance au fond des cœurs ulcérés par le chagrin, comme elle a fait jaillir la vertu du sein des misères de la vie ?... »

X

Remarquez avec quelle facilité

nous passons d'une fleur à une réflexion ; elles ont entre elles une connexion pour ainsi dire nécessaire. Quel bien nous ferons à notre cœur en regardant les fleurs, ces astres terrestres, comme des occasions jetées sur nos pas par la Providence, pour nous instruire, pour nous inté-resser à ce qui est bien, à ce qui est beau ! Que de choses à admirer dans cette innombrable quantité de fleurs qui s'élèvent de tous côtés sur cette terre, pour l'embellir, pour nous être utiles, pour nous faire adorer la main qui

semble avoir pris plaisir à cacher
sous ces jolis riens les peines
inhérentes à l'humanité ! Une
fleur, c'est toute une histoire,
c'est tout un livre, c'est comme
un abrégé de toutes les merveilles
de la nature.

XI

Les fleurs parent le berceau du
nouveau-né et les vêtements de
ceux qui sont appelés à le repré-
senter au seuil de sa vie. Elles
ornent le front de la jeune épouse.
En décorant la tombe d'une per-

sonne chère, elles donnent des charmes à la tristesse et consolent la douleur.

Les fleurs sont un tribut que la reconnaissance apprend de bonne heure à payer aux bienfaiteurs de notre vie, aux auteurs de nos jours. Qui n'a éprouvé ces joies de famille, aux fêtes intimes du cœur, où il faut presque nécessairement des fleurs, où sans elles le langage paraît insuffisant et où elles semblent les expressions du cœur ?

« Chez les anciens, la fleur couronnait la coupe du banquet et les cheveux blancs du sage. Les premiers chrétiens en couvraient les martyrs et l'autel des catacombes. Aujourd'hui , en mémoire de ces antiques jours , nous les plaçons dans nos temples. »

L'air , la lumière , la chaleur sont nécessaires aux plantes ; elles s'étiolent là où elles ne peuvent recevoir les bénignes influences de ces agents naturels. C'est ainsi que notre âme ne peut se suffire , et qu'elle a besoin , pour vivre , des secours surnaturels de la foi et de la grâce, cette lumière, cette douce chaleur , cet air vivifiant , cette atmosphère du cœur chrétien.

XII

Un insulaire d'O-Taïti retrouva, en visitant le Jardin des plantes de Paris, un arbre qui lui rappelait sa patrie ; avec quel attendrissement il l'entoura de ses bras, le couvrant de baisers et de larmes ! Que les fleurs nous rappellent donc aussi les vertus, ces fleurs de l'âme, ces plantes de la patrie des intelligences.

Aussi l'on a publié un charmant opuscule, où nous avons puisé quelquefois, sous ce titre si vrai et si aimable : *les Fleurs parlant au cœur du chrétien.*

Pour terminer par une pensée utile et féconde ce gracieux sujet , revenons à la sensitive , dont la fleur azurée , si belle à voir, excite moins d'intérêt que son irritabilité mystérieuse. C'est le symbole de l'innocence qui doit éviter jusqu'au moindre contact , jusqu'au moindre souffle du vice.

Cette plante, ô prodige ! à l'éclat de ses charmes
Unit de la pudeur les touchantes alarmes.

Voici encore la dionée :

Sa feuille en embuscade, au milieu des marais,
Cache, sous un miel pur, la pointe de ses traits ;

D'un perfide ressort elle est encore armée :
Le piége, au moindre tact de la mouche affamée,
Se ferme ; plus d'issue, et l'insecte imprudent,
Percé des deux côtés, expire en bourdonnant.

Et l'*arum*, dont l'odeur attire les mouches ! elles peuvent s'introduire dans le calice de sa fleur garnie de poils, mais elles ne peuvent plus en sortir ; c'est encore le plaisir qui attire et tue.

Ainsi la terre est un vaste jardin parsemé de fleurs qui répandent un charme singulier sur tout le domaine de l'homme. Lors même qu'il se renferme dans les bornes étroites de sa demeure, elles semblent vouloir la lui rendre plus aimable en se réunissant dans son parterre. On dirait que les plus belles, séparées du vulgaire pour former une ambassade brillante, viennent rendre hommage à leur Seigneur et saluer le Roi de la nature.

O Providence, soyez bénie ! vous nous avez donné une intelligence pour vous connaître, pour remonter de l'ouvrage au divin Ouvrier, une âme pour vous admirer, un cœur pour vous adorer et vous aimer ! Vous nous ordonnez de cultiver le jardin de notre âme par la vertu ; vous nous ordonnez d'être heureux par la vertu et de vous faire hommage de notre bonheur. Vous voulez vous établir vous-même dans votre âme, comme un céleste Jardinier, afin qu'elle s'épanouisse un jour à la rosée de la grâce divine et au soleil de la vie éternelle, afin qu'elle produise des fleurs et des fruits immortels. Car la vertu est une plante qui croît ici-bas, mais dont la racine est au ciel.

— Lille. Typ. J. Lefort. 1873. —

— Lille. Typ. L. L. ...rt. 1854. —

www.ingramcontent.com/pod-product-compliance
Lightning Source LLC
LaVergne TN
LVHW022331170726
843503LV00006B/2812